就知道不能高兴得太早

不能高兴得太早

——笑不停的昆虫冷知识

常凌小　杨泉峰/审校

陈聃/著绘

天地出版社 | TIANDI PRESS

图书在版编目（CIP）数据

就知道不能高兴得太早 / 陈聃著绘. -- 成都：天
地出版社，2024.1
ISBN 978-7-5455-8004-4

Ⅰ.①就… Ⅱ.①陈… Ⅲ.①昆虫- 儿童读物 Ⅳ.
①Q96-49

中国国家版本馆CIP数据核字(2023)第211549号

JIU ZHIDAO BU NENG GAOXING DE TAI ZAO

就知道不能高兴得太早

出 品 人　杨　政
著　　绘　陈　聃
总 策 划　陈　德
策划编辑　王　倩
责任编辑　王　倩　　刘静静
特约编辑　孙　倩
美术编辑　周才琳　苏　玥
资料整理　史千蕙　周玲玲
营销编辑　魏　武
责任校对　杨金原
责任印制　刘　元　　葛红梅

出版发行　天地出版社
　　　　　（成都市锦江区三色路238号 邮政编码：610023）
　　　　　（北京市方庄芳群园3区3号 邮政编码：100078）
网　　址　http://www.tiandiph.com
电子邮箱　tianditg@163.com
经　　销　新华文轩出版传媒股份有限公司

印　　刷　北京博海升彩色印刷有限公司
版　　次　2024年1月第1版
印　　次　2024年1月第1次印刷
开　　本　710mm×1000mm 1/16
印　　张　15.5
字　　数　53千字
定　　价　80.00元
书　　号　ISBN 978-7-5455-8004-4

目录

一不小心成了昆虫

趁着嘴还在，
快说我爱你

今天吃点儿什么好？

妈妈说得总没错

就知道不能高兴得太早

做大人可真麻烦

一不小心成了昆虫

羽角甲

你好，请问你看到我的假睫毛了吗？

没有哦。

　　羽角甲可不是什么"美妆达人"，这对超大号的"假睫毛"其实是它的触角。触角对昆虫来说有鼻子的功能，触角越大越长，与空气接触的面积就越大，昆虫的嗅觉就越灵敏。大大的触角虽然有利于羽角甲接收异性的信息素，帮助它们交配繁殖，但是也有副作用，那就是容易暴露自己。你猜对于羽角甲来说，天敌和爱情哪个来得更快？

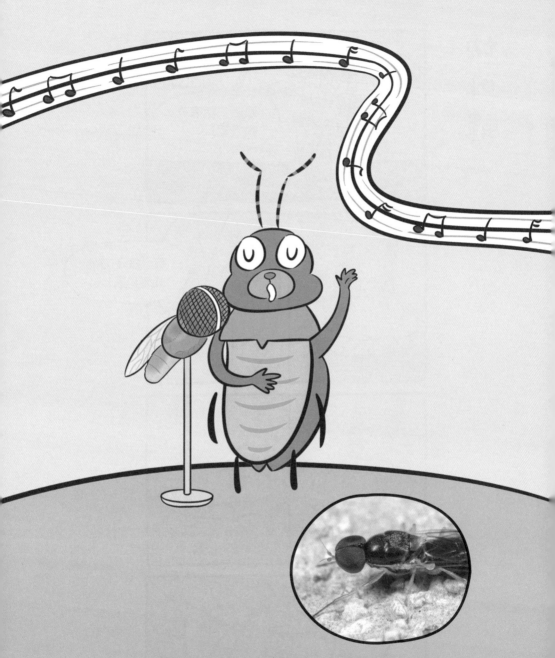

　　头蝇——头很大的苍蝇。它们的头几乎被眼睛占满，看起来像个无线麦克风，被戏称为"K歌之王"。两只硕大的复眼拥有广阔的视角，就像超广角镜头一样，所以，奉劝你不要在头蝇背后搞什么小动作。

当遇到心仪的叶片时，切叶蜂的身体会像圆规一样工作——一只足站定当圆心，身体绕着圆心转圈，并用锋利的大颚切出圆形或半圆形的叶片，带回家筑巢。如果你看到千疮百孔的叶片，请不要责怪切叶蜂，毕竟谁不想有个家呢。

琴步甲

到了警局好好交代!

有的昆虫长得很"艺术",活像一把大提琴。没错,我说的就是琴步甲。从侧面看,你会发现它的身体薄如一张纸,这有利于它钻到树皮里躲藏起来,或者在土地的缝隙里灵活穿梭。

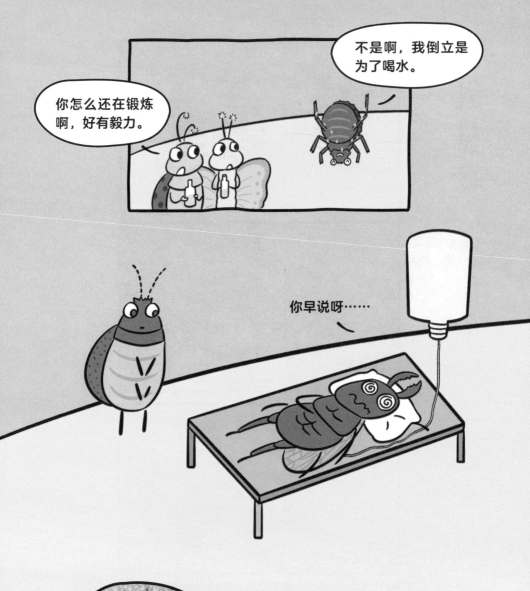

你怎么还在锻炼啊，好有毅力。

不是啊，我倒立是为了喝水。

你早说呀……

　　如果你在非洲沙漠看到一只爱倒立的甲虫，别误会，人家只是在喝水罢了。这种昆虫叫作雾姥甲虫，遇到大雾时，它会用背部拦截水汽，水汽聚集在背部凸起的麻点上，形成水滴。然后，它用倒立的方式把腿作为"导管"，将水滴引到嘴里。

范式摇蚊

呜呜呜……

滴答

嗨!

是我呀!

啊!

兄弟，你需要水吗？

矿泉水

* 此图为摇蚊

如果你是范式摇蚊，看到"死而复生"的亲人时应该不会太惊讶。在旱季，范式摇蚊幼虫会在体内自动存储海藻糖，进入零代谢的休眠状态，以此应对脱水的危险。一旦遇到水，它们就会"复活"。

看来又迷路了。

　　如果你在水塘或湖面上看到"四只眼"的甲虫，那很可能是豉甲。它看起来有两对眼睛，其实那是一对被分成上下两个部分的复眼。有了这对特殊的复眼，水上水下的情况都能被豉甲尽收眼底，任何美味或敌人它都能第一时间注意到。

走错啦！

　　这是一种视觉严重退化但嗅觉灵敏的蚂蚁。行军蚁群会根据领头蚂蚁分泌的信息素前进，但就像人有时会迷路一样，领头蚂蚁也可能误判方向，这时整个蚁群就会不停绕圈，直到体力耗尽而死，俗称"死亡旋涡"。

　　头虱依附在人类的头部，靠吸食人类头皮中的血液为生。人类的进化关乎着它们的命运。当人类还长着浓密的体毛时，头虱可以在人体四处迁移。随着人类体毛的退化，头虱的栖息地逐渐缩小到人类的头部。一般情况下，我们感受不到头虱的存在，洗头时也很容易把它们冲走。头虱无法左右自己的命运，只能寄希望于人类身体健康，头发浓密。

负泥虫

负泥虫，这个名字来源于它的幼虫。不过负泥虫幼虫背的可不是泥，而是幼虫的大便。大便有助于隔离寄生虫，阻挡太阳照射。那么问题来了，负泥虫背的明明是大便，为什么不叫"负屎虫"或"背粪虫"呢?

沫蝉

别人是口吐白沫，沫蝉若虫是屁股吐白沫。这些气泡状的分泌物会将沫蝉若虫包裹起来：一来能帮助它降温，保持身体湿润；二来能避免被天敌发现。因为分泌物很像泡泡，沫蝉若虫又被称为"昆虫界的泡泡机"。如果大家知道这些泡泡是沫蝉若虫肛门和腹部腺体的分泌物形成的混合体，会不会还玩得这么开心？

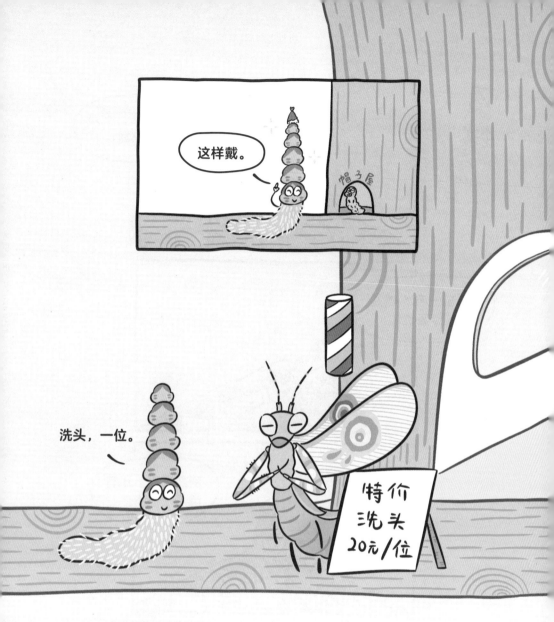

如果你看到多头的昆虫，先不要慌张，这些并非真的头，而是橡胶冠瘤蛾幼虫蜕皮时遗留下的头壳。它们把这些头壳从小到大排列好垒在头上，让自己看起来更高大，从而达到迷惑敌人的效果。

石蛾

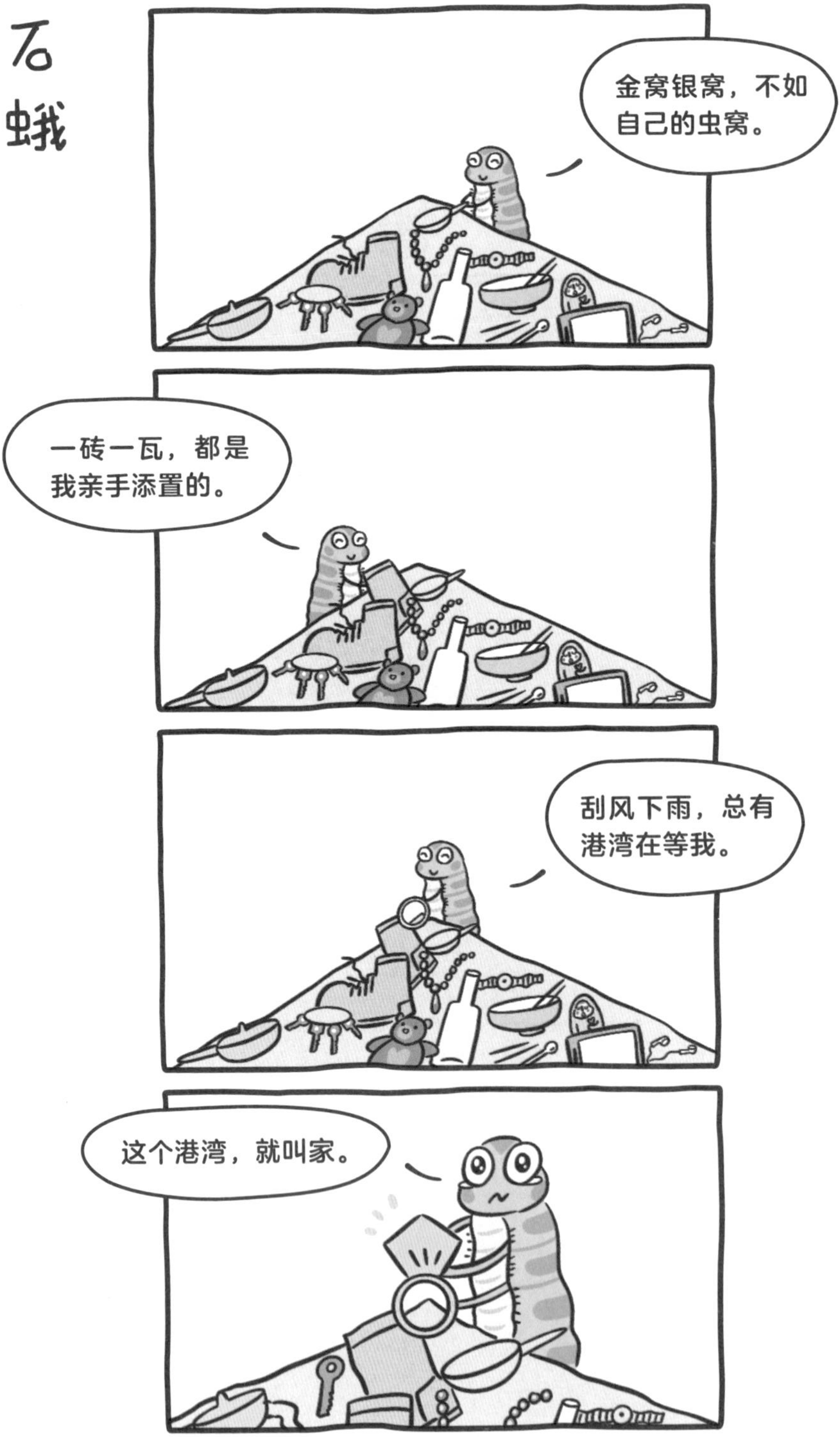

石蛾幼虫有"恋物癖"，它的家就是由各种杂物堆成的，叶片、芦苇残屑、金属……总之五花八门。它用唾液当胶水，将各种材料粘起来，一个风格独特的家就建成了。不过，在提倡极简生活的当下，石蛾幼虫或许也可以试试断舍离。

*此图为球蝗

　　人类习惯把粪便和脏、臭联系在一起，欧洲球蝗（sōu）可不同意这种说法。它不但不觉得自己的粪便不干净，还会把粪便抹得家里到处都是。这样做可不是为了恶作剧，而是因为它的粪便里含有抗真菌的物质，可以起到抗菌消毒的作用，可谓是废物利用的典范。

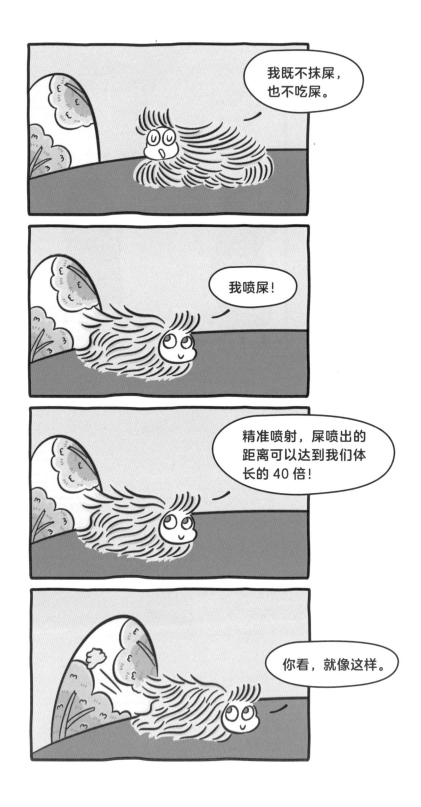

谁啊？！把屎都喷到我家来了！

　　随地大小便不但会招来寄生虫，还容易招来嗅觉灵敏的敌人。法兰绒蛾幼虫很清楚这个道理，于是它生出了一项技能——喷屎，像喷射子弹一样把屎喷到很远的地方，这样就能在很大程度上和寄生虫、天敌说再见了。

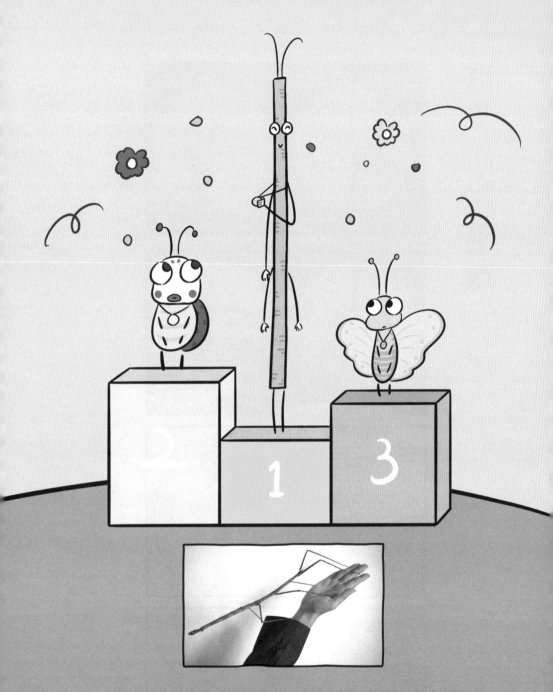

　　目前人类已知的昆虫有100多万种，任何昆虫想要申报吉尼斯世界纪录都难乎其难，可中国巨竹节虫偏偏长成了世界上最长的昆虫。它最长可达62.4厘米，相当于一个成年女性手臂的长度。看到中国巨竹节虫，我脑海里只剩下一个想法：长长长长长长长……

　　惊异闭臀姬蜂要让食蚁兽失望了，这个看似蚂蚁头的部位其实是它的产卵器。研究人员目前只发现了一只有着形似蚂蚁头器官的雌蜂，而且它被发现时已经死了，因此研究人员无法判断这个"蚂蚁头"是某些雌蜂的共同特征，还是仅仅是个例。它由于太过稀奇，而被命名为惊异闭臀姬蜂。

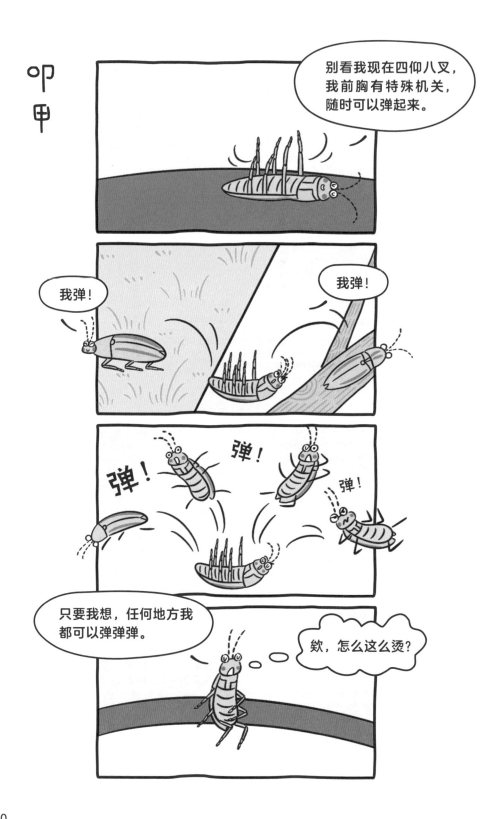

　　当叩甲四脚朝天时，它会像做仰卧起坐一样卷腹、弹跳。这是因为叩甲的前胸上有一个向后伸的楔形突，正好可以插入中胸的凹槽里，形成灵活的弹跳机关。叩甲常被孩子们抓来当宠物，孩子们赞叹叩甲灵巧的跳跃本领，却不知道这是它们挣扎逃生的表现。写到这里，我要对曾经被我抓住的那些叩甲说声对不起。

啊呀呀呀呀，你打不到我！

你不也是嘛！

　　因为头上长着粗长的角，双叉犀金龟被大家称为独角仙。角可不是拿来装饰的，它是雄性独角仙斗争、求偶的重要"工具"，角的大小通常和体形成正比。打斗前，通过感受对方角的大小，独角仙就能了解彼此的实力，所以爆发冲突时不必非得到动手的那步，其中一方可能就撤退了。

鼠尾蛆

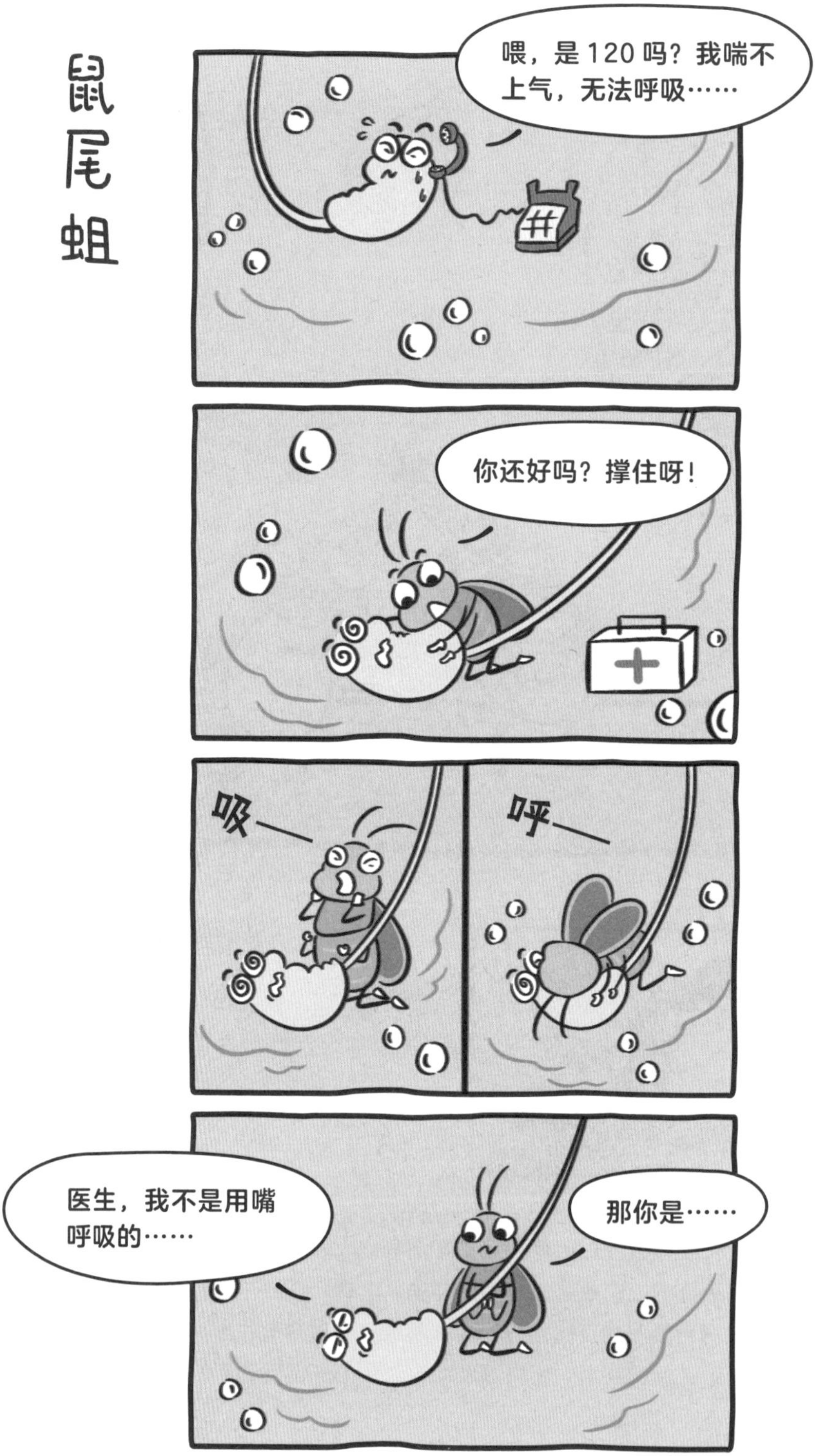

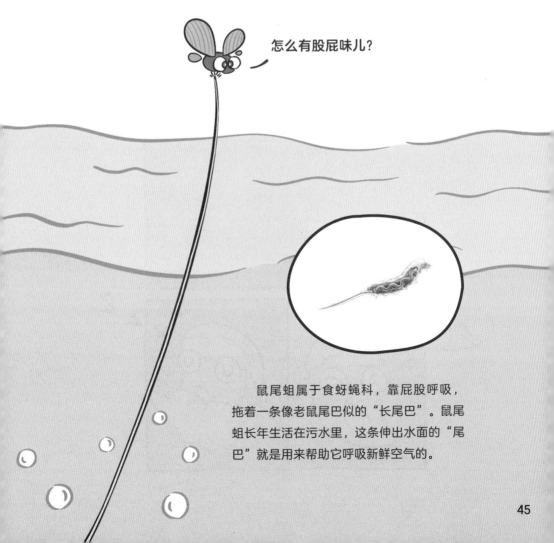

鼠尾蛆属于食蚜蝇科，靠屁股呼吸，拖着一条像老鼠尾巴似的"长尾巴"。鼠尾蛆长年生活在污水里，这条伸出水面的"尾巴"就是用来帮助它呼吸新鲜空气的。

今晚月色皎洁，千万不可辜负。你看，蜣螂就趁着月夜推球去了。它们能够感应月亮的偏振光，以此判断方向，并沿着最短的路线将粪球推回家。不过在没有月亮的夜晚，粪球推到哪里就只能看运气了。

小热，好久不见呀！

    鸟虱是一种寄生在鸟身上的虱子。同样是虱子，同样寄生在鸟的身上，居住的位置不同，境遇也大不相同。由于鸟无法啄到自己的头，住在鸟头上的鸟虱往往生活得更悠闲，身体粗壮短肥；而生活在鸟背、翅膀等地方的鸟虱，则不得不频繁地东奔西跑，身体也更加细长。真是同为鸟虱不同命啊！

虫虫奥斯卡最佳死亡角色奖

　　在昆虫界，虫虫的生死有时就在一瞬间，如果斗不过对手，不如试试装死。象甲是昆虫界"装死影帝"之一，陷入险境时，它会六足蜷缩，静止不动，让那些喜欢取食新鲜猎物的天敌失去兴趣。它还会直挺挺地自由下落，如果运气够好，落到茂密的植物丛中，敌人搜寻起来就会很麻烦。"你可以吃我，但我不会让你毫不费劲地吃我。"这可能是象甲的想法。

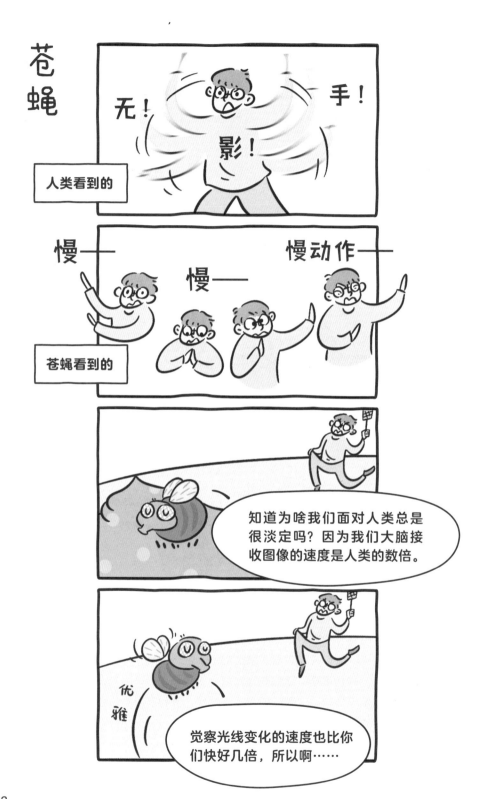

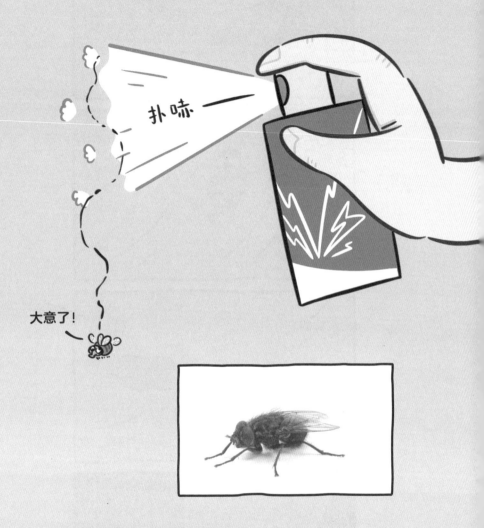

扑哧

大意了！

你有没有因为打不到苍蝇而沮丧？这不怪你，要知道苍蝇的复眼由数千个小眼构成，它们的大脑接收图像的速度是人类的数倍。简单来说，在人类眼里很快的速度，在苍蝇看来就是慢动作。真想知道苍蝇看"闪电飞人"博尔特跑步是什么感受。

　　只要排便速度够快，死神就追不上你。对此，苍蝇最有发言权。一般来说，哺乳动物从进食到排便，短则需要几十分钟，长则需要几小时，而苍蝇只需要7~11秒。病菌进入苍蝇体内，还没开始繁衍后代就被排出体外了。光排便快还不够，苍蝇有着强大的免疫系统，体内产生的球蛋白会像导弹一样精准地"轰炸"病菌。所以，不要再问苍蝇为什么生命力如此顽强了。

趁着嘴还在，
快说我爱你

苍蝇

"无头苍蝇"常被用来形容人做事没有头绪，实际上断头的苍蝇是非常镇定的。首先，苍蝇的血液不仅在心脏和血管里流动，还能流进细胞间，即使头断了，它身上依然保留着大量血液，不会像人类那样喷血而亡。其次，苍蝇的神经中枢分布在胸、腹等多处，没了头，躯干仍然可以在神经中枢的支配下照常活动。断头的苍蝇不会立马死去，但头断了没法进食，所以苍蝇不是因断头而死，而是被活活饿死的。

红头豆芫菁

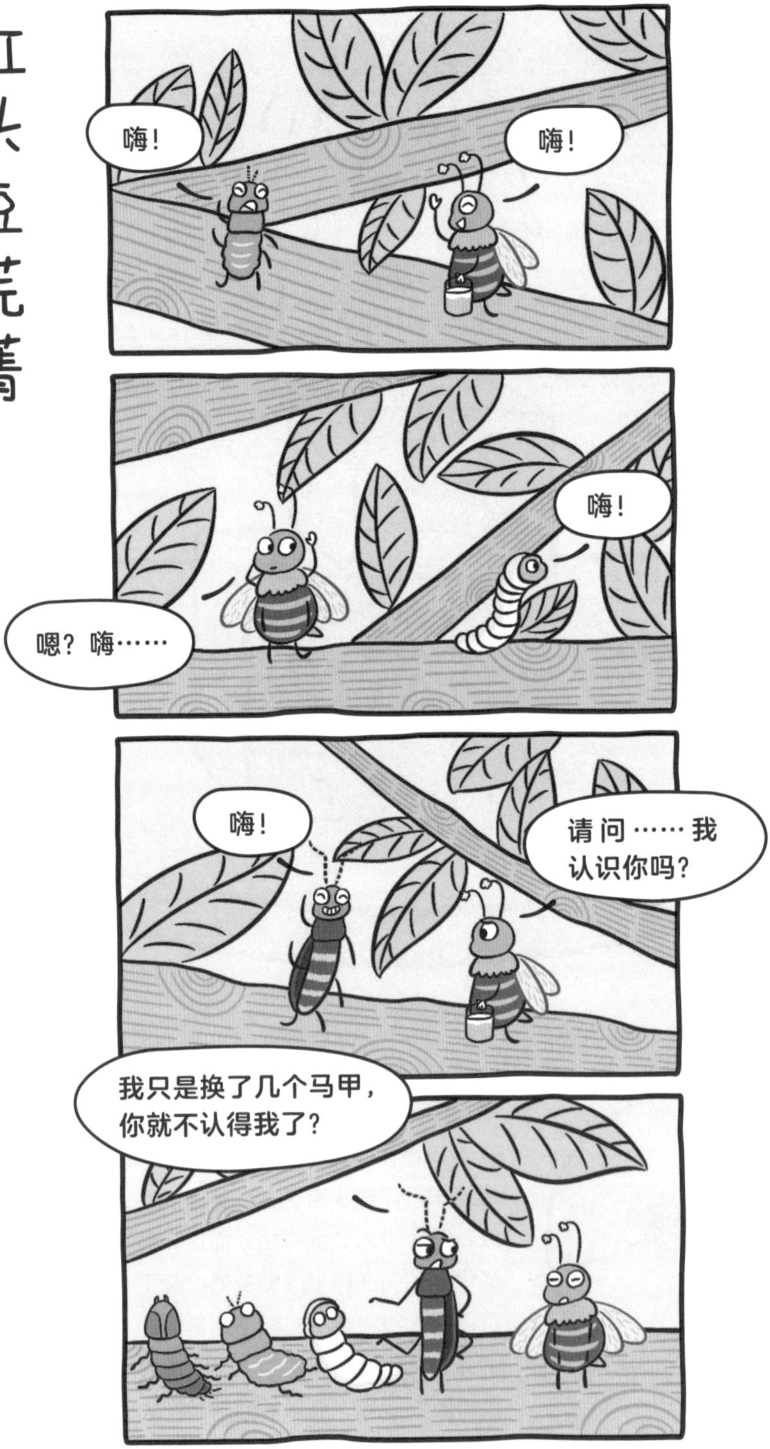

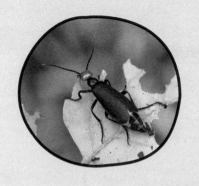

有的虫一生以不变应万变；有的虫一生可谓是超级变变变，说的正是红头豆芫菁（yuán jīng）。它的一生从破卵而出到羽化为成虫要经历7次蜕皮，而且每次蜕皮后的样子都与之前"判若两虫"。

那是我蜕皮前的样子。

你怎么和身份证照片上长得不一样？

姓名：红头豆芫菁
出生：2019年7月20日
公民身份号码：
30602019720

蜻蜓

考 试

拥有5万多只眼睛是种什么体验？
问问蜻蜓就知道了。这种由众多小眼
组成的感知器官被称为复眼，每只小
眼都是一架"小型照相机"。想要拥
有超广角的观看视野吗？下辈子投胎
做蜻蜓吧。

明年不给你织围巾了，
费毛线。

雄性栎长颈卷象堪称"昆虫界的长颈鹿"。实际上昆虫没有所谓的脖子，那个看起来像脖子的部位是栎长颈卷象身体延伸的结构。"脖子"的长短是雄性栎长颈卷象力量的体现，"脖子"越长越容易在斗争中获胜，也越容易得到异性的青睐。

葬甲和螨虫

别怕，葬甲是载我们去野餐的顺风车啦。

　　觅食如此艰难，要是有顺风车搭就好了，这也许就是螨虫的心声。它不会飞，走路慢腾腾的，想找口吃的很不容易。遇到葬甲科昆虫这些"免费的顺风车"，螨虫才不管它们愿不愿意，就这么往上一趴，随走随停，真是省力又省心啊！

* 此图为葬甲

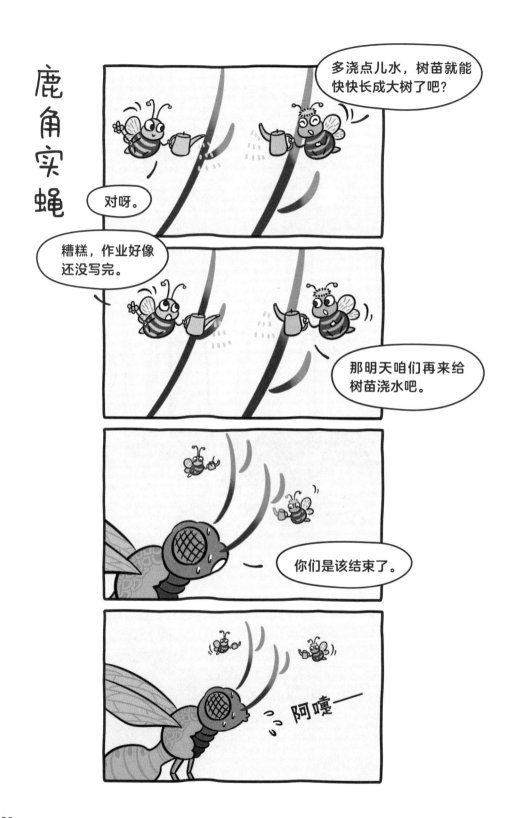

　　鹿角实蝇可不是鹿和昆虫的结合体，它只是一种长有形似鹿角结构的蝇类，且只有雄蝇有角。雄蝇的战斗力和角的粗细、长短成正比，这也难怪雌蝇在择偶时要"以角取蝇"了。

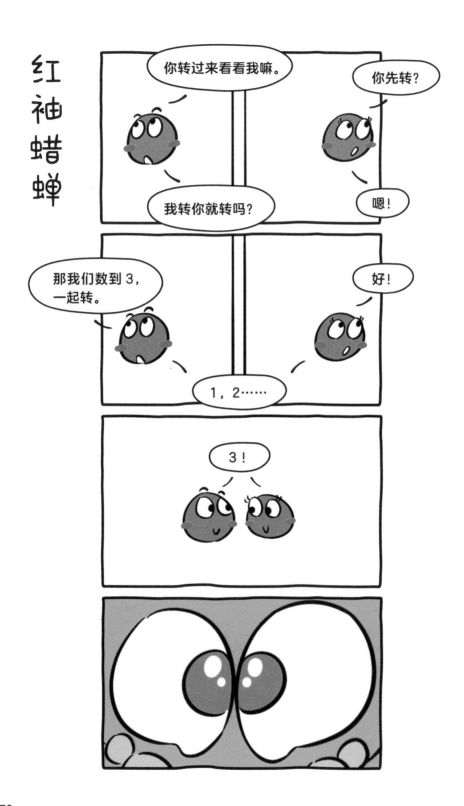

这就是我斗鸡眼的原因。

嘁！我才不信呢。

你见过斗鸡眼的昆虫吗？红袖蜡蝉就是这种呆萌的昆虫。不过它并不是真的斗鸡眼，而是因为单眼位于复眼前方，所以给人造成了斗鸡眼的错觉。虽然斗鸡眼是假，萌却是真的。

非洲长喙天蛾

好厉害蚊香

长喙就是长长的嘴，非洲长喙天蛾虫如其名，有着20~35厘米长的嘴，是目前世界上已知的喙最长的昆虫。不过，它的喙只在吸食花蜜时展开，平时都会卷成类似蚊香的样子，一来方便飞行，二来避免长喙被天敌抓住。

*此图为长喙天蛾

其实也没那么难。

彩虹长臂天牛——"手臂"特别长的天牛。雄虫的前足长度是它身长的2~2.5倍，前足的长短很大程度上决定了它们攀爬的速度和高度，也决定了是否能够得到心仪异性的喜爱。

甲蝇

请选择，以下哪只昆虫是甲蝇？

　　甲蝇，很像甲虫的蝇类。如果你注意观察以下几点，就不难区别它们：蝇类有一对用来飞行的翅，甲虫有两对；蝇类的口器像吸管，称作舐吸式口器，甲虫的为咀嚼式口器；蝇类触角为芒状，甲虫触角不是芒状。说了这么多，你要不要试试从上图中找出甲蝇？

与只能活几天的昆虫相比，能活17年的周期蝉要比它们多拥有几千倍的虫生，它的长寿秘诀之一就是长年待在地下。周期蝉若虫自孵化后就钻入地下，因此避开了鸟类等天敌，靠着吸食树根的汁液为生。在孵化后的第13年或17年，它们破土而出，羽化、交配、产卵、死亡，在4~6周内完成这一系列生命历程。地下十几年，地上几星期，一地之隔，周期蝉面临的是完全不同的命运。

晴

成长日记 ♥

一个人如何优雅地老去

真爱无价

送礼物可不是人类独有的行为。求偶时，雄舞虻会把捉到的昆虫献给雌舞虻，它还会用泡沫一样的分泌物精心包装礼物。在此提醒一下雌舞虻，查收礼物时千万要注意，别被一些心术不正的雄舞虻用"空盒子"欺骗了感情。

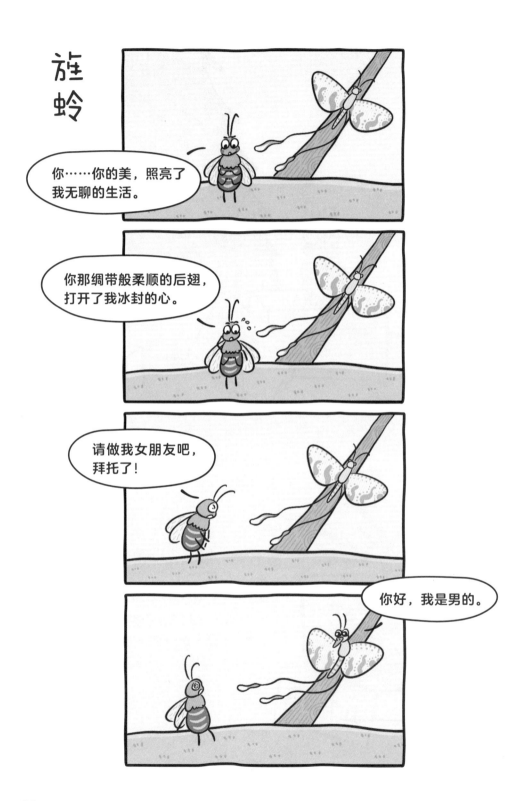

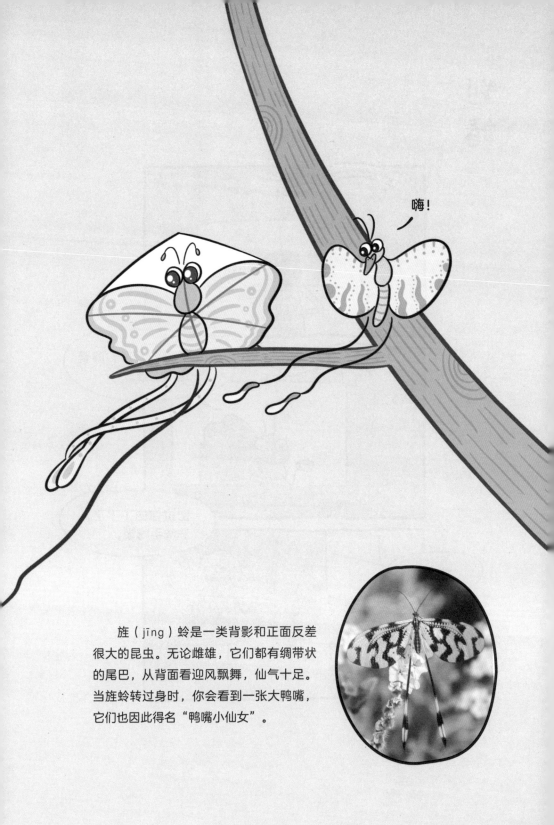

嗨！

旌（jīng）蛉是一类背影和正面反差很大的昆虫。无论雌雄，它们都有绸带状的尾巴，从背面看迎风飘舞，仙气十足。当旌蛉转过身时，你会看到一张大鸭嘴，它们也因此得名"鸭嘴小仙女"。

划蝽是昆虫界的"小提琴家"，只不过它的乐器比较特殊，是自己的"丁丁"（外生殖器）。雄性划蝽用"丁丁"摩擦腹部，就像拉小提琴一样，它们用这种方式吸引异性的注意，将早春的池塘弹奏成爱乐之池。

"双头"的蝴蝶吓不吓人？别紧张，其实这里只有一个是真头，另外一个是位于后翅内角、很像头的斑纹。在遇到危险的时候，灰蝶的双头能起到迷惑敌人的作用。

叶虫

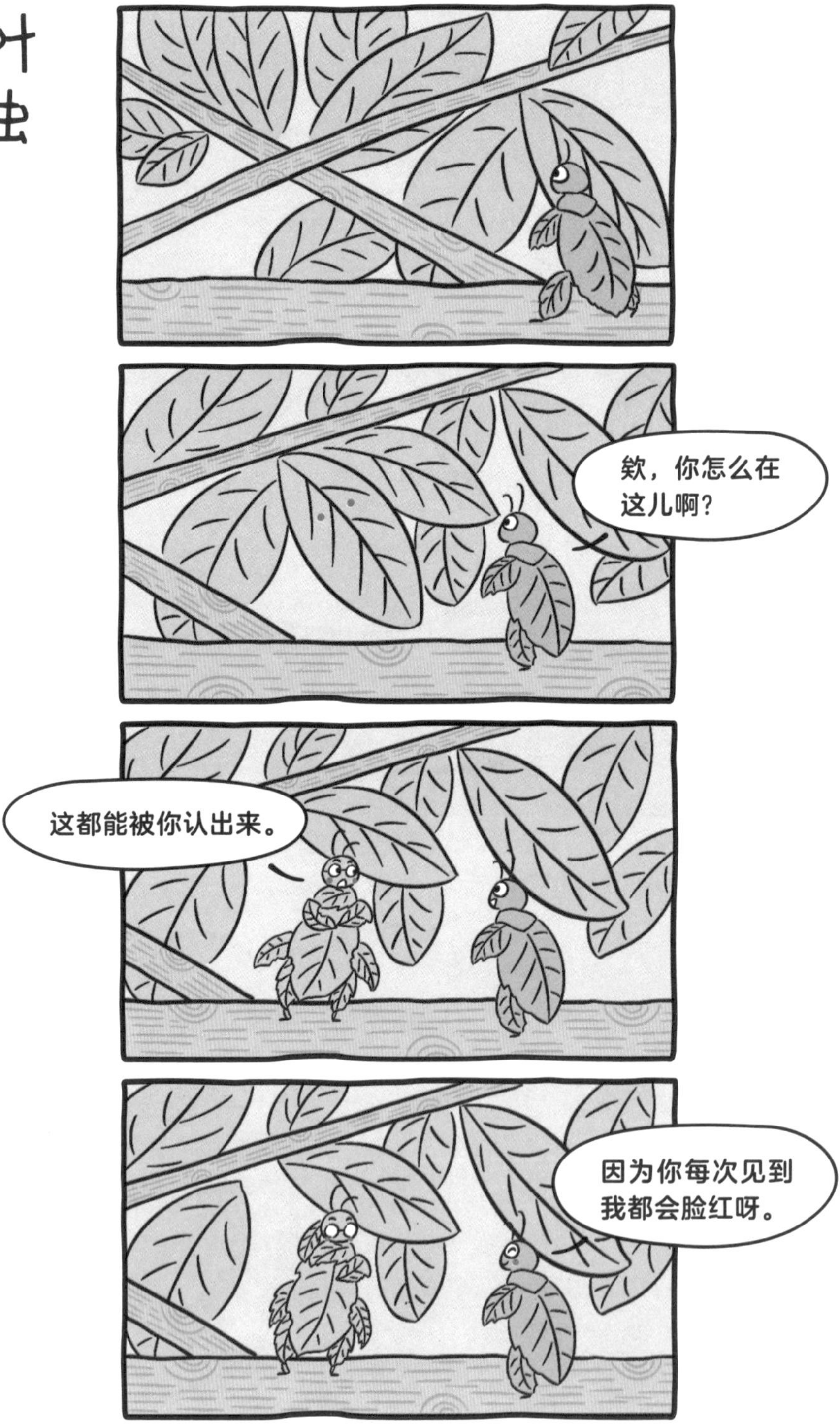

宝贝，那只是一片叶子。

啊，奶奶！

这是一类善于模仿叶子的昆虫，不同种类的叶虫会模仿不同的叶子——嫩叶、枯叶、半枯叶。它们的身上有近似叶脉的花纹，有些叶虫的身体边缘还有很像咬痕的花纹。那些以树叶为食的昆虫，会不会忍不住咬上一口呢？

为你照亮回家的路

　　"黑黑的天空低垂，亮亮的繁星相随"，儿歌《虫儿飞》唱的就是萤火虫。"亮亮的繁星"是它们心动的信号，不同频率、亮度、颜色的光诉说着萤火虫不同的情感，也许是"请跟我交往吧"，也许是"我喜欢上另一只虫了"。

　　萤火虫的光到底是怎么形成的呢？原来它们的腹部末端充满含磷的发光质及发光酵素，这两种物质与氧气相互作用，亮光就出现了。

白蚁

你觉不觉得咱们家摇摇晃晃的?

好像是有点儿……

木头又涩又硬,却是白蚁的心头之好。这是因为在白蚁的肠道里,有一种能将木头分解成各种糖类的寄生虫——超鞭毛虫。不过,白蚁也不是对任何木头都来者不拒,充满纤维素的木头才是它们的最爱。

白蚁

你好，你看到我二姑的妈妈的姐姐的小姑了吗？

请问以下谁是白蚁的亲戚？

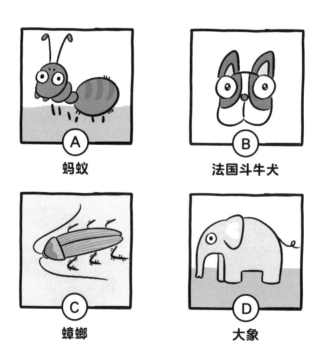

A 蚂蚁

B 法国斗牛犬

C 蟑螂

D 大象

好久不见，我小侄女的妹妹的孩子的二侄女。

别看白蚁和蚂蚁的名字里都带"蚁"字，长得也有相似之处，它们非但不是亲戚，反而是死对头，常常因为食物大打出手。而长得一点儿都不像的蟑螂和白蚁却是"近亲"。

科学家根据遗传物质DNA的不同，将生物归属到其对应的界、门、纲、目、科、属、种，遗传物质DNA 是生物界判断两个物种亲缘关系的重要依据。白蚁和蟑螂的遗传物质DNA差异在同一个目的范围内，同属于蜚蠊目，不过它们并不能交配产生后代。

竹节虫

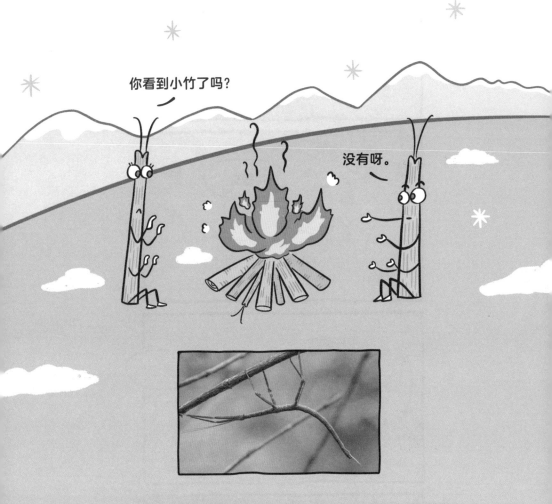

　　我敢保证，即便是最聪明的人类，在面对枯枝和竹节虫时也会感叹："啊，真是不好分辨呀。"你知道为了扮演好枯枝，竹节虫要付出多大的努力吗？首先，它们得进化成枯枝的样子。其次，它们要整个白天一动不动。当风吹来时，它们还得摆动身体，做出和枯枝一样迎风飘动的样子。

　　不过，竹节虫的伪装计有利有弊，虽然骗过了天敌，但也可能因此错过正在寻觅配偶的同类，毕竟隐藏得太好，彼此都难以发现对方。

你为什么到处说"我爱你"？

长大后我就没有嘴了，我得赶快把想说的都说了。

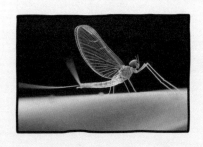

蜉蝣小时候有口器，这是它们用来进食的器官，相当于人的嘴。长大后，蜉蝣的口器会退化，仅存2～3节下颚须，约等于没有嘴。所以趁着嘴还在，有什么想说的，就赶紧说了吧。

蜉蝣

死亡倒计时

　　成虫时期的蜉蝣口器退化，丧失进食的功能，所以它们只能存活几天，甚至几个小时。这么短的时间做些什么好呢？不如谈谈恋爱吧。争分夺秒地繁衍后代，可以说是蜉蝣成虫唯一的生存目标了。

今天吃点儿什么好？

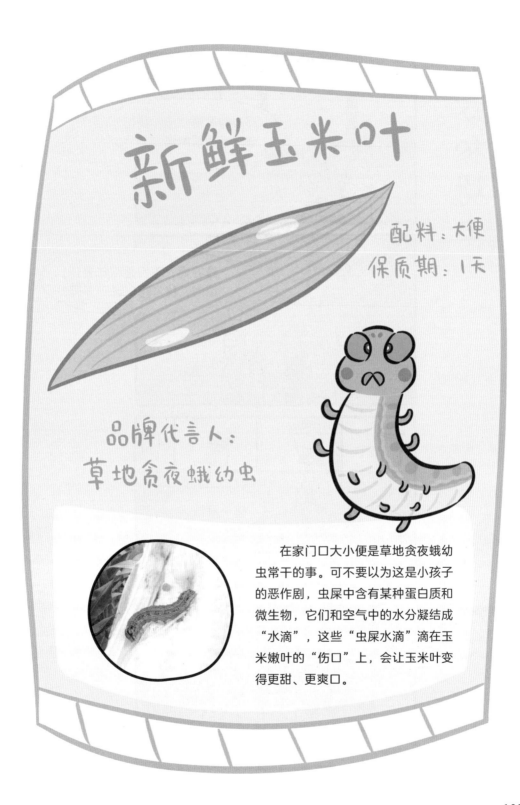

新鲜玉米叶

配料：大便

保质期：1天

品牌代言人：

草地贪夜蛾幼虫

在家门口大小便是草地贪夜蛾幼虫常干的事。可不要以为这是小孩子的恶作剧，虫屎中含有某种蛋白质和微生物，它们和空气中的水分凝结成"水滴"，这些"虫屎水滴"滴在玉米嫩叶的"伤口"上，会让玉米叶变得更甜、更爽口。

多糖

少糖

少少少糖

生物间互惠互利的关系叫作共生关系，蚂蚁和蚜虫就是典型的例子。蚜虫喜欢吸食植物汁液，从中摄取它们需要的氨基酸。蚜虫在排泄的过程中会分泌蜜露，这些甜蜜的"排泄物"是蚂蚁的零食。作为回报，蚂蚁会尽可能地保护蚜虫免受瓢虫、寄生蜂等天敌的侵害。真是多个朋友多条路呀！

*此图为蚂蚁和蚜虫

熊蜂

以下两枝含苞待放的花，你要买哪枝？

熊蜂是个急性子，如果想吃花蜜但花还没开，它就会"紧急催单"——通过刺破、咬穿叶片，促使植物提早开花。也许是因为熊蜂的唾液里含有促使花朵绽放的化学物质，它才敢这么"任性"吧。

蚊蝎蛉

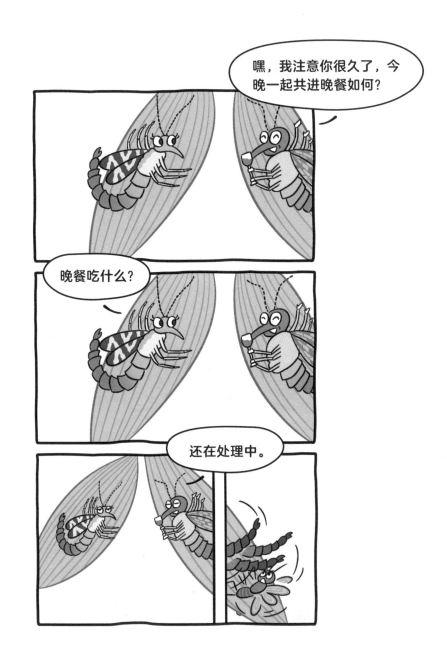

蚊蝎蛉常用的捕食方式：前足悬挂在植物上，后足和小虫搏斗。所以，你可能会看到很分裂的景象——前半身看起来十分平静的蚊蝎蛉，后半身却在忙于搏斗。

扁头泥蜂

　　扁头泥蜂和蟑螂是死对头，可蟑螂为什么会乖乖跟它回家呢？原来，扁头泥蜂会向蟑螂体内注射两针毒液，先让它失去行动能力，再分泌一种叫真蛸胺的神经传递素，控制它走路。然后，你就会看到庞大的蟑螂被一只小小的扁头泥蜂牵着走的惊悚情景了。

*此图为扁头泥蜂和蟑螂

117

食蚜蝇

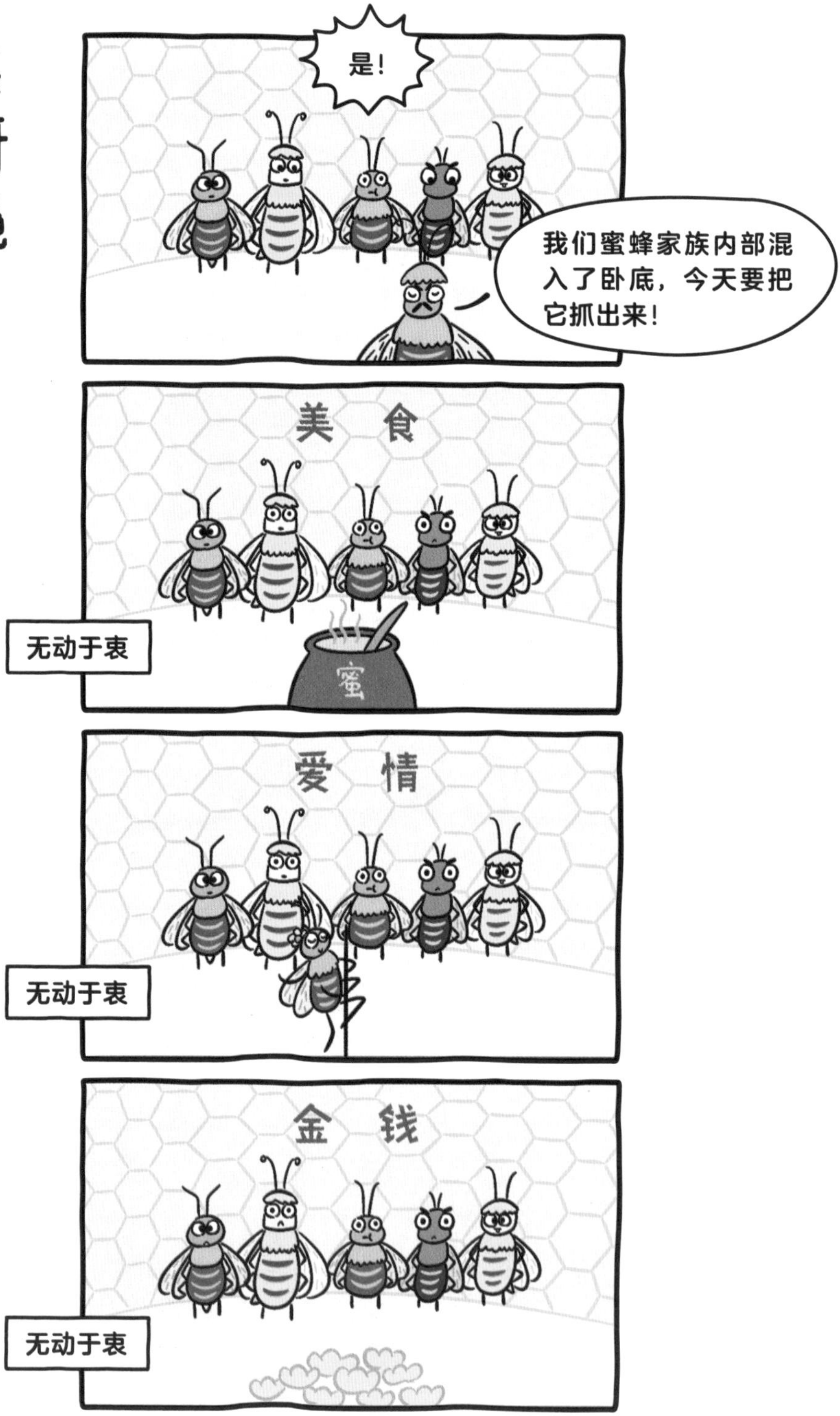

真是狗改不了吃屎。

如果蜂巢里混入了食蚜蝇，你要如何捉住这只"卧底"？以下是几点搜寻建议：蜜蜂有两对用来飞行的翅，而蝇有一对翅；蜜蜂触角长而弯曲，而蝇触角短。如果以上几点不好记住，那你就问一句：谁小时候爱吃屎？举手的就是食蚜蝇了。

嗝——

Free Hugs
免费拥抱

　　不是所有拥抱都是温暖的，至少胶猎蝽的拥抱不是。它们会把前足浸满松脂，猎物一旦被粘上，就难以逃脱。松脂在前足上还会凝结成块，这样胶猎蝽就可以抡起"更大的前足"攻击对手了。

　　不过，胶猎蝽幼虫也有可能因为操作不当而被松脂粘住，导致被活活饿死或被天敌吃掉。

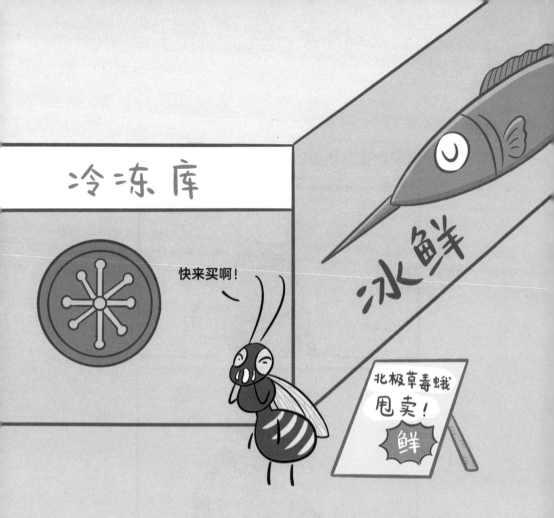

　　北极草毒蛾生活在北极圈，为了应对那里的寒冷和食物短缺，幼虫会在体内合成一种冷冻保护化合物，主要成分为甘油和甜菜碱，然后将自己冷冻起来。等到温度升高，它们就会解冻，再次出来活动。北极柳是北极草毒蛾幼虫最爱的食物，可惜它们一生只有5%的时间享用美食，其余90%以上的时间都在"冬眠"，它们一生通常会冻结和解冻7次。

弄蝶

请问谁在吃便便?

A. 苍蝇

B. 屎壳郎

C. 弄蝶

没想到吧，昆虫界把粪便当成香饽饽的不只是苍蝇和屎壳郎，弄蝶也好这一口。弄蝶的虹吸式口器决定了它们只能吸食液体食物，遇见最爱的干硬鸟粪，该怎么办才好呢？哦，它们还有自己的粪便，用它去软化鸟粪就可以美餐一顿了。

蜜罐蚁

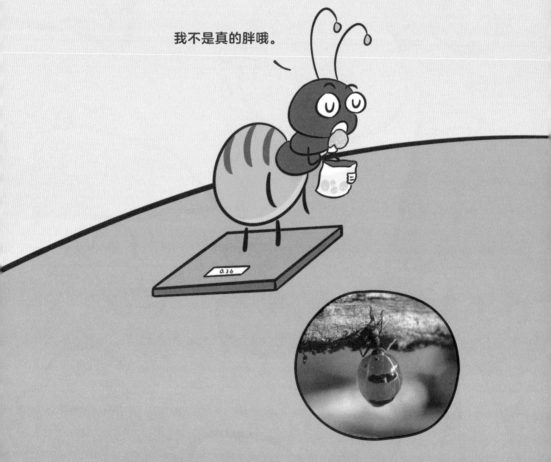

我不是真的胖哦。

　　到了植物大量分泌花蜜的时期，蜜罐蚁会把身体当成储存容器，拼命吸食花蜜，肚子鼓成葡萄大小。等到蚁群食物紧缺时，蜜罐蚁会将花蜜吐出，帮助同伴渡过难关。不过蜜罐蚁应该没有料到，正是因为这种特性，一些好吃的人类会揪去它的头直接食用，或是把它腹中的蜜发酵酿成酒。

收获蚁

好吃！

这米真香，请问师傅有什么独门秘方？

哈哈哈，不过就是……

用我自己嚼烂的米捏的。

优质大米

品牌代言人：收获蚁

如何制作可口的"收获蚁团子"？收获蚁教你四个步骤。

一、**种**，像农民那样种植种子。

二、**运**，将成熟的植物种子运回洞穴。

三、**嚼**，嚼烂种子，唾液中的酶会将种子中的淀粉转化成糖分。

四、**吐**，嗯……我就不多说了。

*此图为蚁狮捕食的场景

　　"挖坑"有时被用来形容给他人制造麻烦，但在昆虫世界里，这可能意味着丧命。蚁狮是挖坑高手，它在沙地上挖出漏斗形的小坑，将自己埋在"漏斗"的最下方。当有猎物不小心滑落时，蚁狮就用大颚死死地夹住对方，吸食猎物的体液，再将空壳丢到坑外。

　　自然界没有冰箱，那些喜欢"尝鲜"的昆虫是怎么保证食物新鲜的呢？节腹泥蜂自有办法。它将毒液注射到猎物体内，麻痹猎物的神经，使它们动弹不得，这样就能随时吃到新鲜可口的美味了。

和美味。

有新闻报道称，一位女士在清明扫墓时因为眼睛疼而去就医，结果医生从她眼睛里夹出4只蜜蜂。这些蜜蜂就是隧蜂，俗称汗蜂——一种对泪水、汗水情有独钟的蜜蜂。

这可能是因为哺乳动物的泪水和汗水里含有钠、盐等物质，这些物质有助于昆虫补充矿物质和微量元素。不只是隧蜂，果蝇、蛾、蝶等昆虫也难逃泪水和汗水的诱惑。

妈妈说得总没错

蚁狮

这间儿童房带独立卫生间，方便孩子上厕所。
卫生间能不能改成孩子的书房？
那孩子去哪儿上厕所呢？
我家孩子可以只吃不拉。

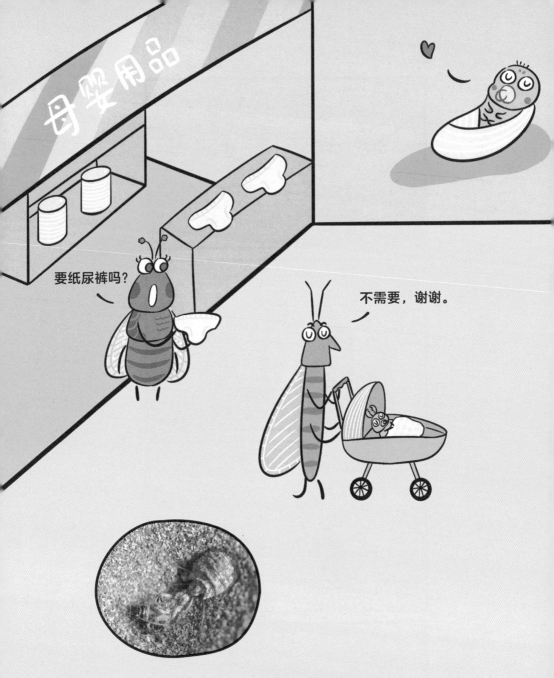

蚁狮是蚁蛉的幼虫，蚁狮的后肠封闭，过着只吃不拉的生活。好在它们主要靠吸食猎物的营养液为生，几乎不需要拉屎。等到蚁狮羽化成虫那天，它们的后肠会变通畅，之后就可以痛痛快快地拉屎啦。

　　雌性马来三叶虫红萤从不惧怕外表老去，因为它们终生保持童颜。雄性马来三叶虫红萤经过蛹期后会变成有翅成虫，而雌性则不化蛹，终生保持幼虫的形态。雌性长大后和小时候在外表上没有太大的区别，仅在表皮结构上有轻微不同。

你好，我是警察，正在调查一起发生在 1 个月前的人口拐卖案。

* 此图为橘红悍蚁

红悍蚁是昆虫界的"人口贩子"。它们把其他蚂蚁的卵偷回来孵化，通过释放信息素给刚出生的蚂蚁"洗脑"，让蚂蚁心甘情愿为自己打工，自己从此过上"衣来伸手，饭来张口"的日子。

胡蜂

吃藕
你这样一直撕纸很浪费啊。
没事，我家的房子整个都是用纸糊的，纸多得用不完。
小蜂，毛笔字练得怎么样了？
字练好了，就是……
家没了。

　　人类花了相当长的时间才发明出造纸术，而胡蜂天生就会造纸。它们钳取一小点儿木头，咀嚼、消化，然后吐出来形成木浆，再将木浆涂抹成薄片，制成蜂巢。在胡蜂的启发下，人类发明了以木材为原料的现代造纸术。

世界上也许没有哪种昆虫比迹地吉丁更渴望一场火灾了，这是因为活的树木在遭到昆虫啃食时，会分泌一种天然的除虫菊酯，而被烧焦的树木则不会。

苍蝇

宝贝，知道为什么我们的脚这么厉害吗？

为什么呢？

因为我们的脚吸力十足，每只脚上都有"爪垫"。

每根脚毛都由一个表皮细胞发育而来，非常精致。

我们能趴在任何想停留的地方。

妈妈……

有只猫在看着我们呢。

你怎么不早说！

　　飞檐走壁这种特殊技能，在苍蝇眼里不过是雕虫小技。苍蝇可以吸附在物体表面主要靠的是它的爪垫，爪垫上长有细小的纤毛，还能分泌出一种黏性物质，这就使得苍蝇可以自如地停留在任何地方。

　　蚁后拥有交配一次，终生生育的能力。蚁后和雄蚁边飞边交配，这种繁衍方式叫作"婚飞"。 在婚飞的过程中，蚁后可以跟多个雄蚁交配，并把精子存在储精囊中。这些精子可以在蚁后体内存活几年甚至更久，这就是蚁后在死去之前都能生孩子的原因。

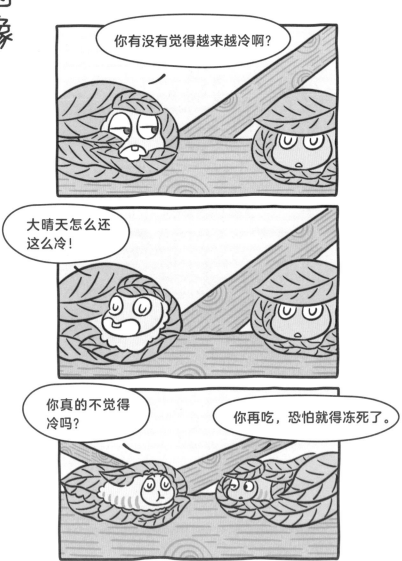

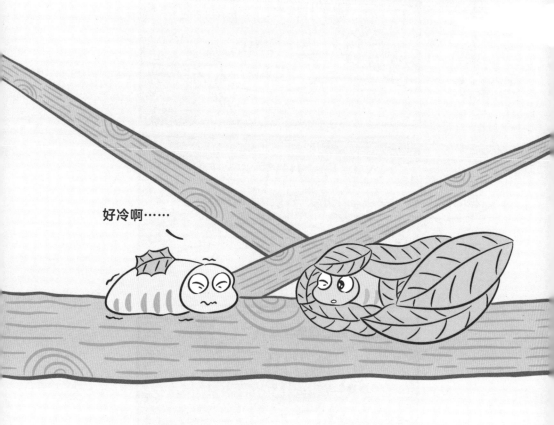

　　我们小时候经常被父母教育睡觉不要踢被子，可这里有个昆虫宝宝不只是"踢被子"，还会直接把"被子"吃掉，它就是栗卷象宝宝。栗卷象妈妈把卵产在卷好的树叶里，宝宝出生后吃包裹它的树叶长大，然后化蛹羽化。

想来一场"鬼屋"大冒险吗？不如一起去稠李巢蛾家走
走吧！春天，稠李巢蛾宝宝会从卵里钻出来，它们可是鸟类
的美味佳肴。为了防止被吃，稠李巢蛾幼虫会吐出丝线，把
自己隐藏在大网里。这张网大到能把整棵树罩住，想在深夜
进行鬼屋探险的虫虫们千万不要错过。

淡阔腹荔蝽

您好，买一张票，谢谢！

佳票处

哔哔哔

长官，这位女士身上有可疑物体。

还有吗？

没了。

妈妈，电影开始了吗？

妈妈，电影这么感人吗？

嗯……

淡阔腹荔蝽妈妈简直是带娃达人。几十个荔蝽宝宝紧紧贴在一起，扒在妈妈的腹部，丝毫不会影响荔蝽妈妈正常走动甚至飞行。也许荔蝽妈妈来段热情的桑巴舞，再加720度托马斯回旋，孩子也不会掉下去。

*此图为荔蝽

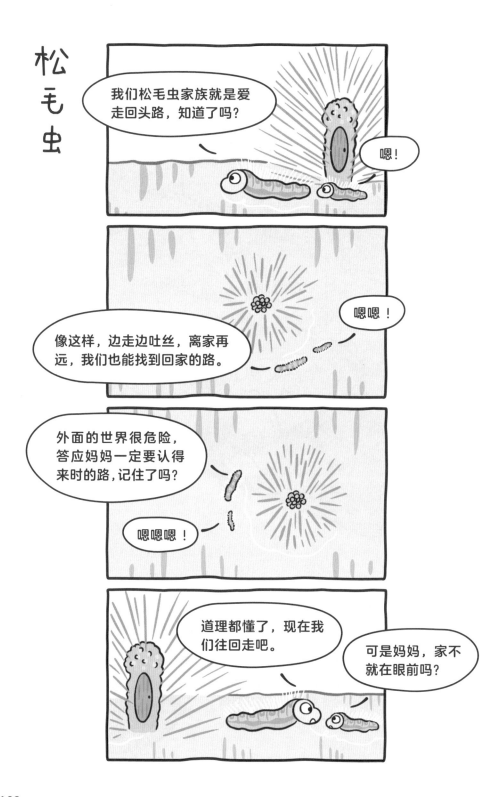

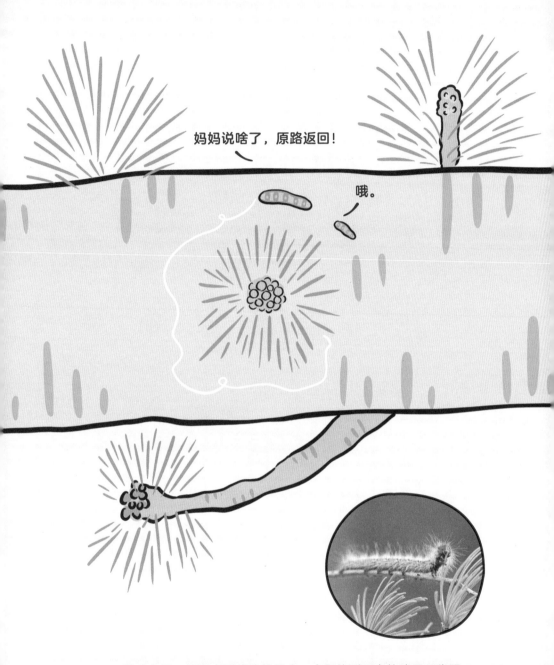

　　松毛虫是一类爱走回头路的昆虫，它们找到回家的路既不靠眼睛也不靠鼻子，而是靠吐出的丝。它们的嗅觉并不发达，喜欢在夜晚外出觅食，沿着"丝路"返回是不错的方式。不过当两条丝相交时，松毛虫就有可能沿着错误的丝去到其他松毛虫的家里。好在它们是热情好客的昆虫，否则真不知道会出现怎样荒唐的场景。

就知道
不能高兴得太早

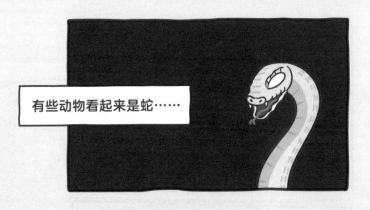

有些动物看起来是蛇……

其实我就是蛇。

呀呵——

大自然危机四伏，善于模仿的昆虫能更好地活下去。这种生物在行为、形态、体色等特征上模拟另一种生物或物体，从而使一方或者双方受益的生态适应现象，被称为拟态。说了这么多，不如直接请两位拟态大师出场吧。

　　当遇到危险时，赫摩里奥普雷斯毛虫会不管不顾地把头往后一仰，通过身体侧面的小孔吸气，让腹部膨胀起来，再配上像蛇眼一样的斑纹，一个活灵活现的蛇头就出现了。它不仅长得像蛇，还能模仿蛇的扑咬动作，可惜它没有真正的牙齿，无法对敌人造成伤害，只能自求多福，希望这个伪装不要被拆穿。

长官，我吃不下了。

多吃点儿，我们才能战无不胜。

　　不要小看了屁，关键时候它是可以保命的，不信你看看屁步甲。屁步甲腹部存有两种物质——对苯二酚和过氧化氢。当它们遇到危险时，这两种物质在过氧化氢酶和氧气的作用下形成"屁"——一种高达100°C的气液混合物，相当于将滚烫的开水喷向敌人，并伴随响亮的爆炸声和刺鼻的气味。

虎甲

老板，不好意思啊！

泰国金枕榴梿

跑太快而导致瞬间失明，这样的事就发生在虎甲身上。它们的眼睛是由数量不定的单眼组成的复眼，跑得越快，看到的信息就越多，而虎甲是陆地上跑得最快的昆虫。

在复眼和高速奔跑的双重因素下，虎甲的大脑无法在短时间内处理这么多信息，所以它们会短暂失明。这样看来，学会放慢速度，无论对昆虫还是对人类来说都是必不可少的。

蜜蜂

请问胡蜂是被什么热死的?

努力扇翅，产生热量，
热死胡蜂。

　　蜜蜂的体形比胡蜂小得多，却能以小制大，秘密就在于它们
善于抱团。当危险来袭，蜜蜂们会将胡蜂团团围住，扇动翅产生热
量，直到把胡蜂热死。蜜蜂能忍受大约50℃的温度，而胡蜂只能承
受大约47℃的温度，就是这3℃的温度差，让蜜蜂反败为胜。

杀伤性武器排名

NO.1   NO.2   NO.3

 不要轻易招惹桑氏平头蚁，它狠起来会跟你同归于尽。桑氏平头蚁的大颚腺腺体很发达，里面充满了黄白色黏液，一旦遇到危险，它就会收缩腹部肌肉，使腺体崩裂。飞溅出来的液体不但具有腐蚀性，还会像胶水一样粘住敌人，让对方动弹不得。这些液体会挥发化学物质，它们用这种方式提醒同伴做好御敌的准备。"蚁肉炸弹"说的就是桑氏平头蚁吧。

没想到吧，我一饿就会变回幼虫。

　　如果饿你几顿就能让你变回小婴儿，你愿意吗？自然界就有这种"返老还童"的昆虫——黑斑皮蠹（dù）。黑斑皮蠹幼虫在成长阶段会经历6个龄期，在它们蜕变为成虫前的最后阶段，如果没有充足的食物，它们就会分泌一种激素，蜕变回上一个龄期。如果一直找不到食物，它们就一直蜕变，直到看起来像刚孵化的样子。得到食物后，它们会重走一遍成长之路，长大为成虫。更加神奇的是，黑斑皮蠹在成虫前能够不断"返老还童"，通过这种方法，可以将寿命从8周延长到2年。

快走，这里有我顶着！

*此图为黑衣龟蚁

"大头大头，堵门不愁。"当蚁群遭受敌人进攻时，龟蚁会用头堵住洞口。扁平的大头不仅能堵门，还能在龟蚁从高处滑落时，起到类似降落伞的作用。真是天生我头必有用！

美眼蛱蝶

我就知道不能高兴得太早。

美眼蛱（jiá）蝶展开双翅，翅面上的花纹像极了猫头鹰，一些原本打算吃它的小型鸟类经常会被吓跑。所以说，想要在自然界保命，模仿确实是一项重要技能。

伊莎贝拉分胸天牛

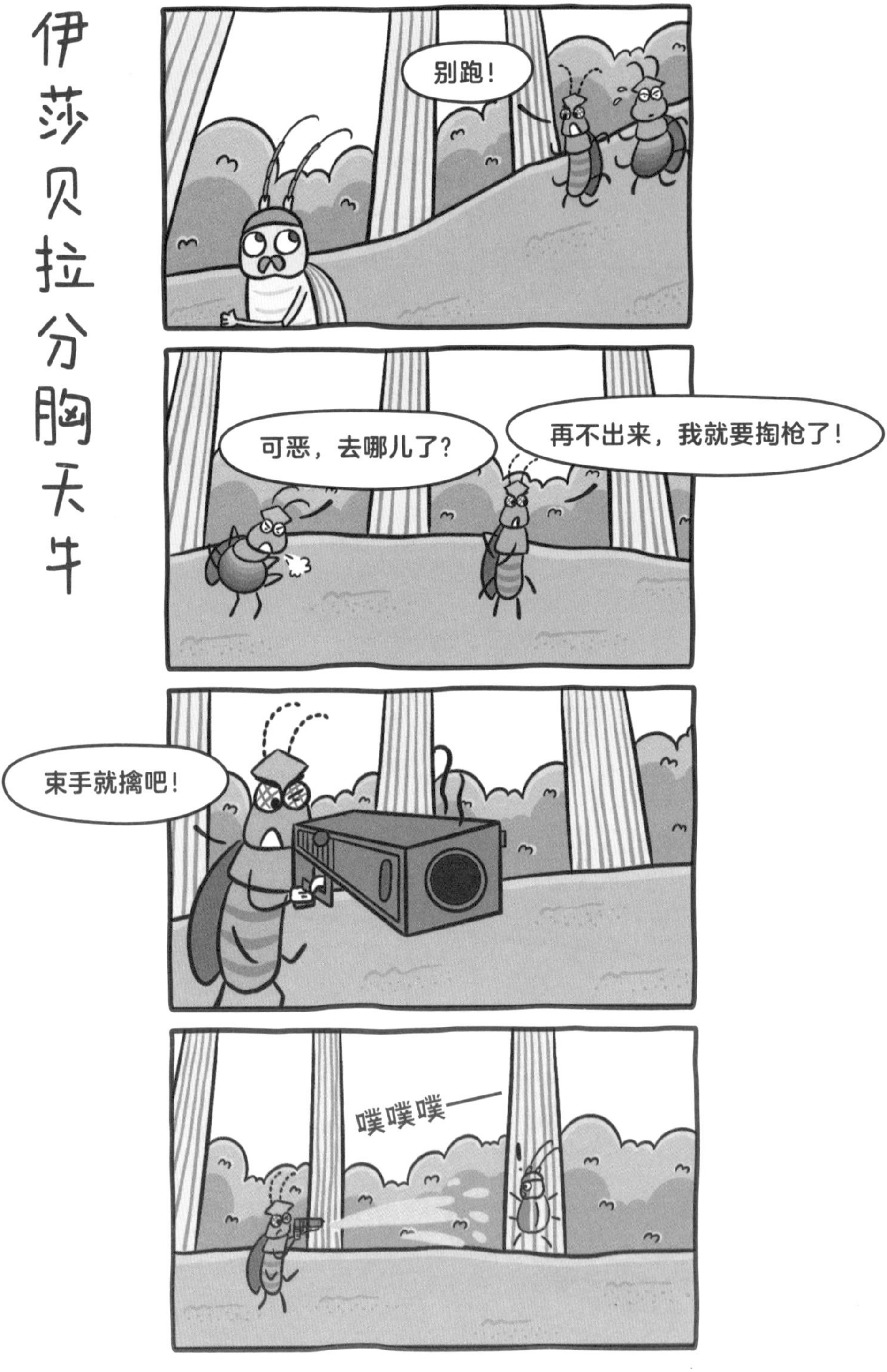

伊莎贝拉分胸天牛是昆虫界的"空气湿度测量仪"。当环境干燥时，它是带有暗绿色条纹的金色甲虫；当湿度上升时，它就会变成红色。这是因为虫体在不同湿度的环境下会反射不同的光线，从而使我们看到不同的颜色。在它的启发下，科学家研发出用来印刷钞票的墨水，对着钞票哈一口气，如果钱变色了，那就是真钞。没想到吧，小小的昆虫还能为打击造假和诈骗助力。

吐血有时也能保命。当遇到危险时，蓝黑鼻血叶甲会咬破嘴里的表皮，流出鲜红色的血淋巴液滴，看起来很像吐血。这种液滴味道苦涩又难闻，捕食者很可能因此而放弃对蓝黑鼻血叶甲的攻击。

来呀！来呀！

　　美东笨蝗生活在美国东南部，不会飞，也不擅长跳跃，行动十分迟缓。它们究竟是怎样在险恶的大自然中生存下来的？用"狐臭"熏走敌人可能是最不费劲的方法！它们的足部基节会释放一种可能是生物碱的物质，让敌人闻而却步。

据说被子弹蚁蜇过的地方就像被子弹打中一样痛。到底有多痛呢？一位好奇心很重的昆虫学家不惜以身试虫。在体验了被150多种昆虫的蜇咬后，他将被子弹蚁蜇咬的疼痛指数列为首位，"那种感觉就像生锈的钉子扎入脚后跟，然后赤脚踩在火红的木炭上"。

枯叶蝶是一类很像枯叶的蝴蝶。它
们不仅颜色与枯叶相近，还长有近似叶
脉的纹理。当枯叶蝶被鸟类追捕时，它
们会模仿树叶飘落的样子，以一种摇摇
晃晃的方式飞行，和真正的落叶混在一
起，让追捕者无法分辨。这段描述读起
来是不是很熟悉？没错，枯叶蝶和前面
提到的叶虫模仿叶子的手段十分相似。

昆虫界有自断手足的行为，不要误会，它们可不是在自残，相反，这是一种逃生的手段。为了保命，蟋蟀往往会狠心舍弃被敌人抓住的足。除了蟋蟀，蝗虫等昆虫也会利用这种方式逃命。毕竟和足相比，还是命重要。

　　舌蝇，一种携带着"嗜睡病毒"的蝇类。一旦被舌蝇叮咬，无论是人还是动物都会陷入昏睡，甚至会神经混乱。人如果被叮咬后没有得到及时救治，病原体就会侵入大脑，很可能引发脑膜炎，变成植物人，甚至会有生命危险。

　　虽然被舌蝇叮咬听起来很吓人，但应对它们也不是没有办法。舌蝇存在视觉缺陷，它们只能看到一整块大面积的物体，而条纹可以反射多种光，干扰舌蝇的大脑成像。所以在非洲，斑马从未被舌蝇叮咬过。

红显蝽

红显蝽也叫人面蝽，背部长有近似人脸的图案。不过，"像人脸图案"只是人类一厢情愿的想法，昆虫可不这么认为，这种体色和斑点主要是为了帮助它们更好地隐身于环境中。

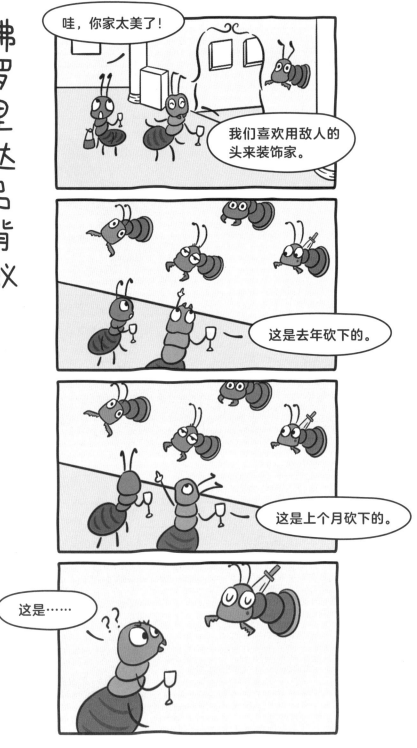

佛罗里达弓背蚁的爱好说起来有点儿吓人，它们喜欢用猎物的头装饰自己的家。它们会向猎物喷射蚁酸，使对方无法动弹，然后将猎物拖回巢穴，接下来发生的事……哎，你自己想吧。

做大人可真麻烦

很多上班族的一天是从一杯咖啡开始的，但你可能不知道，蜜蜂也会对咖啡因上瘾。咖啡因会刺激蜜蜂的大脑，特别是大脑中与对气味的学习和记忆相关的区域。如果你看到蜜蜂总是留恋一朵花，也许正是花蜜中的咖啡因在起作用。

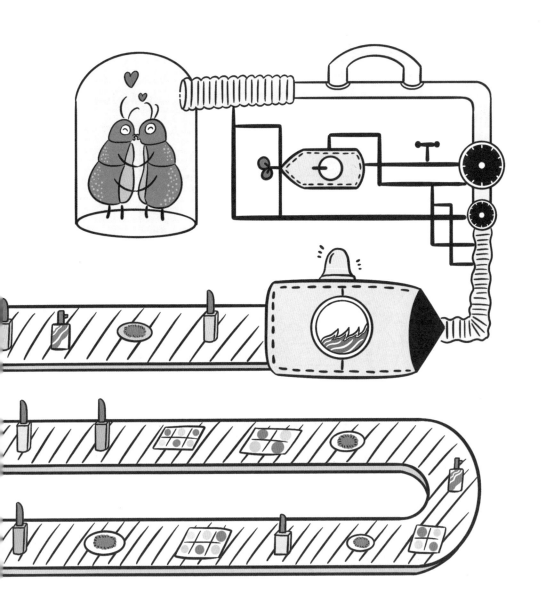

　　昆虫给人类的启发可太多了，哪怕人家只是谈个恋爱，也会促进人类化学工业的发展，比如隐士臭斑金龟。它们求爱时会散发γ-癸内酯，一种让人愉悦的桃子味芳香。研究人员人工合成这种物质，并将它应用在化妆品、食品、饮料等产品上，以增加香气。

先进员工表彰大会

　　蟑螂没有眼睑，自然无法像人类那样闭眼。如果你想知道蟑螂睡了没，可以看看它的触角和足是不是保持着特定姿势，还可以观察它对外界的反应是否灵敏。事实上，所有的昆虫都没有眼睑，睁眼睡觉并非蟑螂的"独门绝技"。

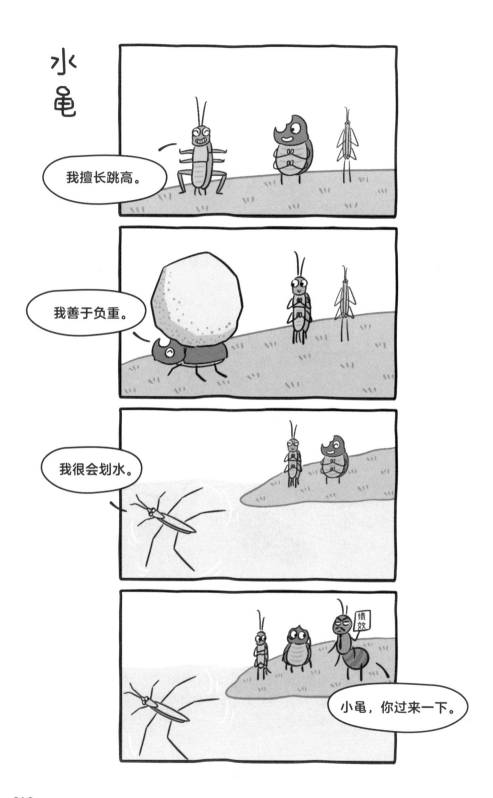

　　人们常用"划水"来形容上班时偷懒的行为，但在昆虫世界里，这是一项重要的生存技能。水黾（mǐn）可以在水面上每秒划动75厘米，它的长腿上有极细的纤毛，可以吸纳空气形成气垫，这样在快速划行的同时，还能不将腿弄湿。

七星瓢虫

　　其实不只有七星瓢虫，还有二星、四星……二十八星瓢虫。在
中国绝大多数地区，跟其他种类的瓢虫相比，七星瓢虫并不常见，
而七星瓢虫在欧洲较为常见。

胭脂虫

妈妈!

生产一支口红，可能就有几万只胭脂虫要丧命。胭脂虫是天然的着色剂，人类将它们挤压、捣碎，得到鲜红色液体，这就是生产口红的原料。由于天然安全、着色效果好等优势，胭脂虫还受到食品、药品等行业的追捧，虽然这可能并非它们所愿。

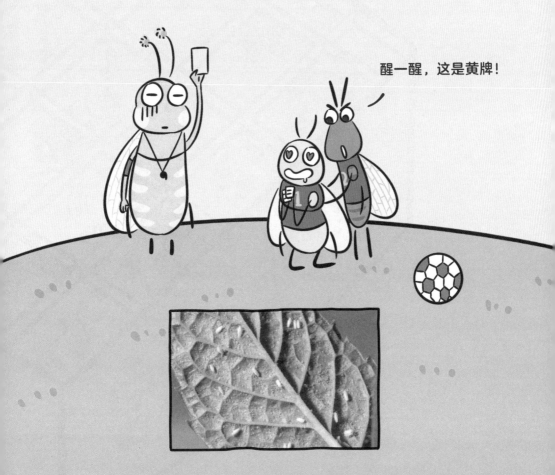

醒一醒，这是黄牌！

前有飞蛾扑火，后有粉虱扑黄，我们把昆虫对黄色的偏爱称为"趋黄性"。有一种说法是，这是因为自然界中黄色的花朵数量较多，所以很多昆虫对黄色更加敏感，久而久之它们就会被黄色的物体吸引。可惜没人告诉粉虱，爱好有时也是别人对付你的手段，就像人类在农田间放置的黄板一样。

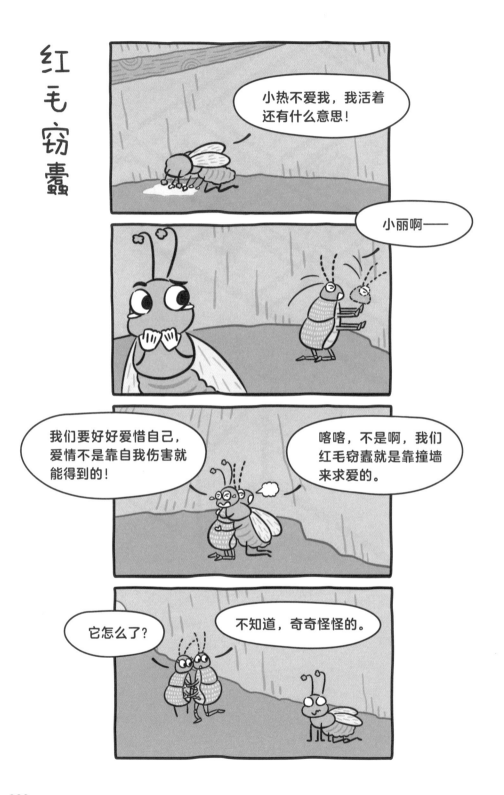

　　如果你在一座木头房子里听到咚咚咚的敲打声，千万不要害怕，那很可能是红毛窃蠹在撞墙求爱。这样的示爱方式可能有些激烈，但的确帮它们找到了对象。旧时人们把这种咚咚声视为死亡的象征，殊不知那是心动的讯号。

啊——

拥有花和昆虫的双重身份会是什么感觉？冕花螳有话要说。它们形似兰花，有着近似兰花花瓣渐变色的体色，所以也被称作兰花螳螂。

冕花螳对自己的模仿能力有多自信呢？它并不屑隐藏在花朵之中，而是直接站在叶片上，访花昆虫会误以为是真的花朵而自投罗网。科学家曾做过对照实验，将冕花螳和真实的花朵并排摆放，一些蝴蝶冲向冕花螳的概率甚至高于真花。你说，这些昆虫能想明白自己是怎么死的吗？

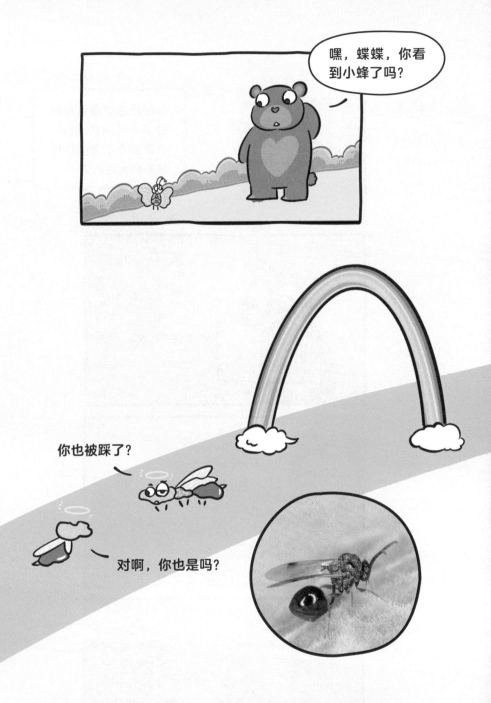

嘿，蝶蝶，你看到小蜂了吗？

你也被踩了？

对啊，你也是吗？

　　我们无法确切知道哪种昆虫是世界上最小的昆虫，但如果将范围扩大，小蜂科昆虫比目前已知的其他科昆虫都要小，小到甚至不足1毫米，比芝麻还小。小蜂啊，这篇漫画不就让大家看到你了嘛。

嘿！

蜣螂俗称屎壳郎，喜欢倒退着用后腿推粪便。为什么会这样？一种说法是它们前足的平衡性不好，如果用前足推粪球，前方突然出现阻挡物，头可能会撞到粪球上，就像急刹车时人会前倾一样；另一种说法是它们的后足更有劲。当然，无论哪种说法都改变不了它们对屎的执着。

虫生已经如此艰难了，又何必
拆穿呢？你俩说是不是？

　　如果你是个"社恐"，又想交朋友，你可能会和三齿蚁纹实蝇
共情。它们进化出了带有蚂蚁图案的翅。瞧！蚂蚁的头、胸、腹、
触角、六足一应俱全。当它们挥动翅时，仿佛有蚂蚁在周围走动。
当然，它们进化成这样可不是为了热闹，而是靠"虫多势众"来迷
惑敌人。果然，最重要的还是保命啊。

蜘
蛛

好啦，下本书再让你出现。

蜘蛛、蜗牛、蚯蚓、蜈蚣、千足虫、蝎子……你会不会以为它们都是昆虫？没关系，很多人也是这么认为的，其实它们不是昆虫。告诉你一个简单的判定昆虫的口诀：身体分为头胸腹，1对触角3对足。满足这些条件的动物，大概率就是昆虫了。

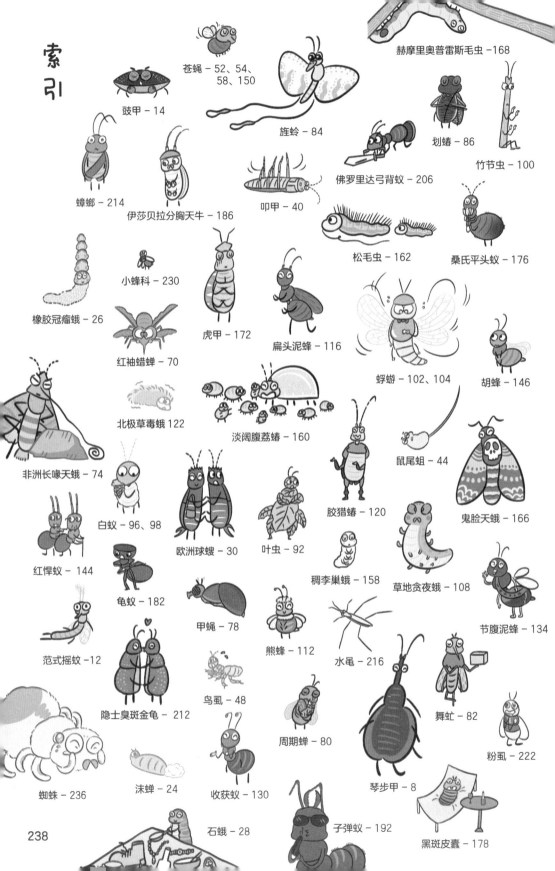

239